Rafia Bashir
Hamida Chisti
Tabassum Ara

Quitosano, quitosano modificado e suas aplicações

ScienciaScripts

Cover image: www.ingimage.com

This book is a translation from the original published under ISBN 978-620-2-07104-8.

Publisher:
Sciencia Scripts
is a trademark of
Dodo Books Indian Ocean Ltd. and OmniScriptum S.R.L publishing group

120 High Road, East Finchley, London, N2 9ED, United Kingdom
Str. Armeneasca 28/1, office 1, Chisinau MD-2012, Republic of Moldova, Europe
Printed at: see last page
ISBN: 978-620-8-25824-5

Rafia Bashir
Hamida Chisti
Tabassum Ara

Quitosano, quitosano modificado e suas aplicações

Índice

Resumo:

A quitina e o seu derivado desacetilado, o quitosano, são polímeros naturais constituídos por D-glucosamina (unidade desacetilada) e N-acetil-D-glucosamina (unidade acetilada) distribuídas indiscriminadamente. Em meio aquoso, a quitina é insolúvel, ao passo que, em condições ácidas, o quitosano é solúvel devido aos grupos amino protonáveis livres presentes nas unidades de D-glucosamina.

A quitina e o quitosano são utilizados nos domínios da biomedicina, da alimentação e da agricultura. O sucesso do quitosano em cada uma destas aplicações específicas está diretamente associado às suas propriedades físico-químicas. O objetivo deste livro é realçar a relação entre as propriedades físico-químicas dos polímeros e o seu comportamento.

É apresentada uma caraterização objetiva do quitosano relativamente a algumas propriedades biológicas e a uma série de aplicações específicas (administração de medicamentos, engenharia de tecidos, pensos para feridas, tratamento de águas residuais, utilização agrícola e nanopartículas de quitosano). O mecanismo molecular das propriedades biológicas como a biocompatibilidade, a biodegradabilidade, o hidrogel, o anti-inflamatório e o antimicrobiano foi atualizado.

Estas propriedades podem ser melhoradas através de modificações do quitosano no seu grupo amino primário. As modificações podem ser efectuadas por modificação de enxerto, modificações químicas e sistema de mistura de quitosano.

CAPÍTULO 1

QUÍMICA DO QUITOSANO

No domínio das ciências médicas, os biopolímeros têm suscitado um interesse considerável. O quitosano é um destes novos polímeros, que está a encontrar aplicações em sistemas de administração de medicamentos, hidrogéis e sistemas de tratamento de feridas. O quitosano é o derivado parcialmente desacetilado derivado da desacetilação alcalina da quitina, que consiste em 2-acetamido-2-desoxi-B-D glucose através de uma ligação B (1-4). A quitina e o quitosano têm uma estrutura semelhante à da celulose.

A única diferença entre a quitina e o quitosano é que a quitina tem um grupo acetamido na posição C-2 e o quitosano tem um grupo amino em vez de um grupo hidroxilo. O biopolímero com um número de unidades de N-acetilglucosamina inferior a 50% é designado por quitina, enquanto que quando é superior a 50% é designado por quitosano. O quitosano é de natureza semicristalina e o grau de cristalinidade é função do grau de desacetilação.

Tanto a quitina como o quitosano apresentam uma cristalinidade máxima, sendo a cristalinidade mínima exibida por graus intermédios de desacetilação. O grau de desacetilação (DD) é a proporção de resíduos de monómeros de glucosamina na quitina. Tem um impacto notável na solubilidade e nas propriedades da solução de quitina.

Por convenção, o quitosano e a quitina diferem de forma proeminente pela sua solubilidade em ácido acético diluído. Em ácido acético diluído, a quitina é insolúvel. Quando a quitina é desacetilada acima de um certo grau (aproximadamente 60% de desacetilação), tornando-se solúvel no ácido, é designada por quitosano. O quitosano é geralmente obtido a partir da quitina, o polímero que é o segundo mais abundante na natureza a seguir à celulose.

A quitina é o constituinte estrutural presente no esqueleto dos crustáceos, moluscos e nas paredes celulares de alguns fungos. O quitosano é preparado através da desproteinização de conchas moídas e da subsequente dissolução do carbonato de cálcio presente nas conchas de caranguejo. A quitina resultante é então tratada com álcali a altas temperaturas durante algumas horas para produzir quitosano desacetilado. Depois de explorar as diferentes propriedades do quitosano, a literatura menciona uma grande variedade de aplicações do quitosano [1,2]. Com uma vasta gama de aplicações, o quitosano tem atraído a atenção generalizada de grupos de investigação multidisciplinares. Para além de encontrar aplicações no domínio biomédico, como pensos para feridas, substitutos da pele, suturas, sistemas de administração de medicamentos, analgésicos e lentes de contacto, o quitosano tem vindo a encontrar lugar em áreas como a cosmética (devido às suas propriedades fungicidas e fungistáticas) e a fotografia (devido às suas caraterísticas ópticas, resistência à abrasão e capacidade de formação de película). Também encontra aplicação na cromatografia em camada fina para a separação de ácidos nucleicos. O quitosano é o melhor material para a proteção do ambiente, uma vez que, segundo consta, captura metais tóxicos como o mercúrio das águas residuais. Devido à presença do grupo amino, o quitosano é utilizado para o fabrico de baterias condutoras de protões em estado sólido.

Processamento de quitina e quitosana

A quitina e a quitosana são recursos naturais à espera de um mercado. Eram produtos residuais da indústria de conservas de caranguejo e camarão. O Departamento de Comércio dos EUA informou em 1973 que havia mais de 1,50,000 Mt de quitina produzida como resíduo de processamento de marisco, krill, amêijoas, ostras, lulas e fungos. Comercialmente, a quitina e o quitosano são de grande importância devido à sua percentagem relativamente elevada de azoto (6,89%) em comparação com a celulose substituída sinteticamente. A casca de crustáceos envolve principalmente a remoção de proteínas e a dissolução de carbonato de cálcio que está presente em concentrações elevadas nas cascas de caranguejo. A quitina resultante é desacetilada em hidróxido de sódio a 40% a 120 °C durante 1-3 h. Este tratamento produz 70% de quitosano desacetilado. Para produzir quitosano a partir de conchas de crustáceos, são necessárias as quatro etapas seguintes, por ordem cronológica do processo: (i) Desproteinização, (ii) Desmineralização (dados não publicados, um dos autores, Pradeep Kumar Dutta, investigou um novo método de desmineralização de conchas de crustáceos e alegou que as suas propriedades são melhores do que as do processo existente), (iii) Descoloração e (iv) Desacetilação.

Conchas de crustáceos→ Redução de tamanho→ Separação de proteínas→ (NaOH) → Lavagem Desmineralização (HC1) → Lavagem e desidratação→ Descoloração→ Quitina→ Desacetilação (NaOH)→ Lavagem e desidratação→ Quitosano

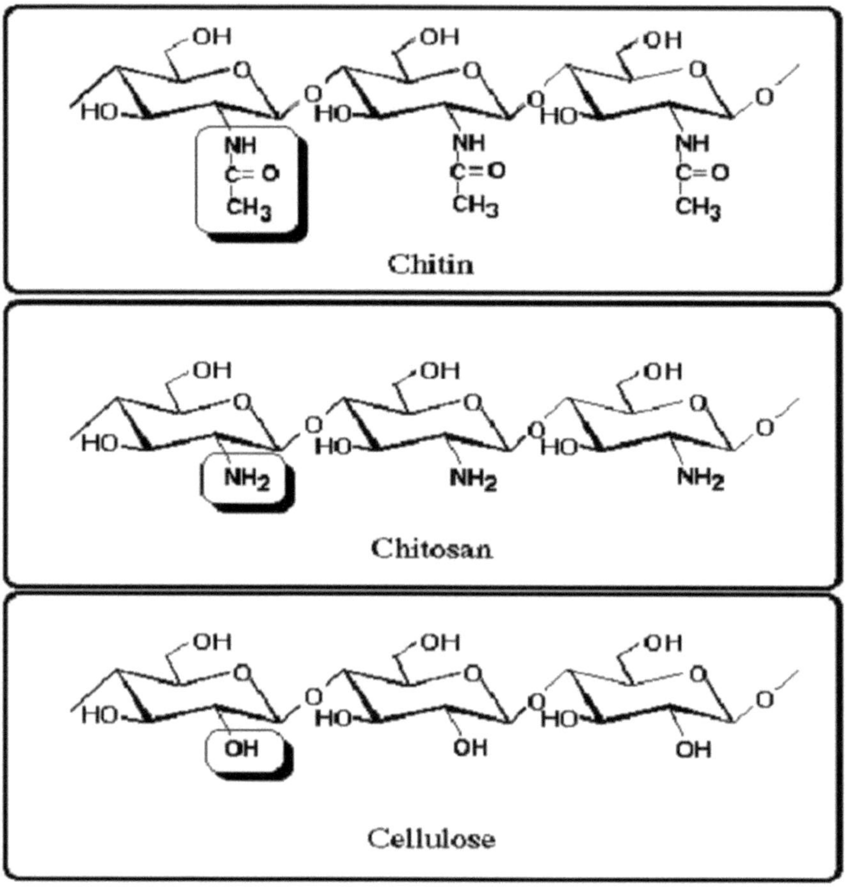

Propriedades físico-químicas do quitosano:

A maioria dos polissacáridos naturais é de natureza neutra ou ácida, por exemplo, a celulose e o dextrano, enquanto a quitina e o quitosano são polissacáridos básicos [3]. A quitina é insolúvel em água, mas é solúvel em hexafluroisopropanol, hexafluroacetona e colroalcoóis em conjugação com soluções aquosas de ácidos minerais, ao passo que o quitosano é insolúvel a um pH alcalino e neutro, mas é solúvel em ácidos orgânicos diluídos, como o ácido acético e o ácido lático.

O grau de desacetilação do quitosano afecta grandemente a sua solubilidade. Em soluções alcalinas com pH até cerca de 9,0, o quitosano com um menor grau de desacetilação torna-se solúvel até este pH, ao passo que um maior grau de desacetilação torna-o solúvel apenas até pH 6,5 [4]. O quitosano tem sido considerado um excelente melhorador de viscosidade em meio ácido devido ao seu elevado peso molecular e à sua estrutura linear não ramificada. Comporta-se como um material pseudoplástico, ou seja, a viscosidade diminui com o aumento da taxa de cisalhamento [5]. No quitosano, o teor de azoto é de cerca de 6,89%. Esta elevada percentagem de azoto torna-o comercialmente valioso em comparação com a celulose sinteticamente substituída, que tem 1,25% de azoto. Este facto faz com que o quitosano seja também um excelente agente quelante [6]. O grau de N-desacetilação do quitosano é o rácio de unidades de 2-acetamido-2-desoxi-D-glucopiranose para unidades de 2-amino-2-desoxi-D-glucopiranose. Este rácio tem um efeito notável nas propriedades da solução e na solubilidade da quitina. Para determinar este rácio, foram descritas na literatura várias técnicas, como a espetroscopia de infravermelhos (IV), a cromatografia gasosa de pirólise, a cromatografia de permeação em gel (GPC), a espetroscopia de ultravioleta (UV) e a espetroscopia de ressonância magnética nuclear (RMN) [7].

Propriedades químicas do quitosano

As propriedades químicas do quitosano são as seguintes

- Polimina linear,
- Grupos amino reactivos,
- Grupos hidroxilo reactivos disponíveis,
- Quelata muitos iões de metais de transição.

Propriedades biológicas do quitosano

Seguem-se as propriedades biológicas do quitosano:

- Biocompatível - Polímero natural, - Biodegradável pelos constituintes normais do corpo, - Seguro e não tóxico,
- Liga-se às células de mamíferos e microbianas de forma agressiva,
- Efeito regenerador do tecido conjuntivo da gengiva,
- Acelera a formação de osteoblastos responsáveis pela formação óssea,
- Hemostático,
- Fungistático,
- Espermicida,
- Antitumoral,
- Anticolesterémico,
- Acelera a formação óssea,

- Depressor do sistema nervoso central,
- Imunoadjuvante

CAPÍTULO 2

Aplicações do quitosano

Aplicações do quitosano	
Tratamento de águas residuais	Remoção de iões metálicos - Hoculante *i* Coagulante: Proteína Corante Aminoácidos - Remoção de corantes, sólidos em suspensão, etc.
Indústria alimentar	- Conservante - Estabilização da cor - Aditivo para alimentação animal
Médico	- Ligaduras - Controlo do sangue Choi estr ol - Libertação controlada de fármacos - Queimadura da pele - Lentes de contacto - etc.
Biotecnologia	- Imobilização de enzimas - Separação de proteínas - Recuperação de células - Cromatografia - Imobilização de células
Agricultura	- Revestimento de sementes - Fertilizante - Libertação controlada de agroquímicos
Cosméticos	- Hidratante - Cremes para o rosto, mãos e corpo - Loção de banho - etc.
Pasta e papel	- Tratamento de superfície - Papel fotográfico
Membrana	- Controlo da permeabilidade - Osmose inversa

O quitosano como material futurista:

O quitosano tem sido projetado como o material mais inovador devido à procura crescente de polímeros renováveis em biotecnologia e medicina. O grupo amino livre presente na molécula torna-a muito interessante para a imobilização de substâncias bioactivas.

Material de hidrogel:

Nas últimas décadas, a capacidade do quitosano para formar hidrogéis tem sido amplamente explorada para aplicações biomédicas, incluindo pensos para feridas. Sendo de natureza hidrofílica, tem a capacidade de absorver grandes quantidades de exsudado de feridas, permitindo uma remoção indolor aquando da mudança do penso. Um grande número de grupos de investigação está a trabalhar em pensos para feridas à base de quitosano devido às propriedades inerentes ao quitosano, como a biodegradabilidade, a biocompatibilidade, a capacidade de cicatrizar feridas, a natureza antimicrobiana, a capacidade de reduzir a formação de cicatrizes e, por último, mas não menos importante, a capacidade de absorver grandes quantidades de exsudados de feridas [8].

Biodegradabilidade e biocompatibilidade:

O quitosano é considerado biodegradável na natureza, uma vez que pode ser metabolizado por determinadas enzimas humanas, como o lisozoma [9]. O quitosano é também conhecido pela sua biocompatibilidade, permitindo a sua utilização em várias aplicações biomédicas, tais como implantes [10], injecções [11] ou aplicações oculares tópicas [12]. O LD_{50} do quitosano é de 16g Kg-1 em ratos, o que também demonstra a sua biocompatibilidade [13].

Atividade antimicrobiana:

Uma das caraterísticas mais interessantes do quitosano é a sua natureza antimicrobiana contra uma vasta gama de organismos-alvo, como algas, bactérias, leveduras e fungos, em experiências que envolveram interações in vivo e in vitro com o quitosano em diferentes formas (soluções, películas e compósitos), o que o torna atrativo para aplicações em pensos para feridas, onde a infeção é eficazmente controlada. A propriedade antimicrobiana do quitosano foi relatada por vários autores contra várias bactérias e fungos e demonstrou ser influenciada por uma série de factores que incluem o tipo de quitosano, o grau de polimerização e algumas das suas outras propriedades físicas e químicas. Foram propostos três modelos; o mecanismo mais aceite é atribuído à natureza policádica do quitosano e à interação entre o quitosano carregado positivamente e a parede celular carregada negativamente do microrganismo, o que leva à fuga de substâncias intracelulares, como electrólitos, material absorvente de UV, proteínas, aminoácidos, glicose e lactato desidrogenase e, em última análise, à morte do organismo [14].

Neste modelo, as forças electrostáticas de atração entre os grupos NH_3^+ protonados e os resíduos negativos [15] são mediadas pela competição com o Ca^{2+} por locais electronegativos na superfície da membrana [16]. Outro mecanismo é que, em alguns fungos e bactérias, o quitosano carregado positivamente interage com o ADN celular, inibindo assim a síntese de ARN e de proteínas. Neste mecanismo, o quitosano tem de ser hidrolisado a um peso molecular inferior para penetrar na célula dos microrganismos. Vários autores [17-21] investigaram a atividade antimicrobiana do quitosano contra vários agentes patogénicos de origem hídrica. Com o peso molecular e o tipo de bactéria, a atividade antimicrobiana do quitosano varia. Embora tenham sido comunicadas grandes diferenças na correlação entre o peso molecular e a natureza antimicrobiana, observou-se que um peso molecular otimamente mais elevado é mais eficaz na inibição do crescimento microbiano. Parece que a viscosidade do quitosano pode ser um fator integral para a natureza antimicrobiana.

Com uma viscosidade óptima, as cadeias podem ser suficientemente móveis para interagir com a membrana celular do microrganismo. Verifica-se também que o quitosano é mais eficaz contra bactérias gram positivas do que contra bactérias gram negativas [18]. O fator importante para o comportamento antimicrobiano é o pH do meio, em que um pH ácido oferece um maior comportamento antibacteriano, provavelmente devido à protonação do grupo amino e à sua transformação em natureza catiónica. Não foi observada qualquer natureza antimicrobiana quando o pH aumentou para 7,0 devido à desprotonação do grupo amino. O terceiro mecanismo é a quelação de metais, a ligação a nutrientes essenciais para o crescimento microbiano e a supressão de elementos de esporos [22, 23]. É bem conhecido que o quitosano tem excelentes capacidades de ligação de metais, sendo os grupos amina nas moléculas de quitosano responsáveis pela absorção de catiões metálicos por quelação [24].

Os grupos amina são desprotonados e o par de electrões no azoto da amina está disponível para doação aos iões metálicos, pelo que este mecanismo é mais eficiente a pH elevado, no qual os iões positivos estão ligados ao quitosano. Um modelo proposto com base no sistema quitosano-Cu, relaciona a dependência do pH com a proporção de sítios disponíveis para interação na espinha dorsal do polissacarídeo [25],

A pH < 6, apenas um grupo NH_2 e três moléculas de hidroxilo ou H_2O estão envolvidos na complexação, enquanto a pH > 6,7 é provável que dois NH_2 estejam envolvidos na formação do complexo. Para pHs mais elevados, ou seja, 7-9, considera-se que ocorre a desprotonação dos grupos hidroxilo e a complexação é regida por dois grupos -NH2 e dois grupos hidroxilo dissociados.

Wang et al. (2004, 2005) descreveram uma atividade antimicrobiana de largo espetro de complexos quitosano-metal. Em comparação com o quitosano livre e os sais metálicos, os complexos apresentaram actividades antimicrobianas muito melhores. De acordo com Wang et al. [26], o metal está ligado a uma ou mais cadeias de quitosano através de -NH2 e formando pontes com grupos hidroxilo. É inegável que as moléculas de quitosano nas bactérias podem envolver metais complexos e bloquear o fluxo de alguns nutrientes essenciais, contribuindo para a morte celular [27]. No entanto, isto não é, evidentemente, um fator determinante da ação antimicrobiana, uma vez que os locais disponíveis para interação são limitados e a complexação atinge a saturação em função da concentração do metal.

Como agentes anti-inflamatórios".

Mi Ja Chung et.al. [28] investigaram os efeitos anti-inflamatórios dos oligossacáridos de quitosano de baixo peso molecular (LM-COS) contra a reação alérgica e a asma alérgica in vivo e in vitro. A asma alérgica é uma doença inflamatória associada a um aumento da degranulação e da produção de citocinas. Os LM-COS (bl kDa), constituídos por glucosamina (GlcN)n, n=3-5, foram capazes de inibir tanto a desgranulação estimulada por antigénios como a produção de citocinas em células RBL-2H3 de leucemia basófila de rato.

A administração oral de LM-COS (16 mg/kg de peso corporal/dia) resultou numa redução significativa dos níveis de ARNm e de proteínas de interleucina (IL)-4, IL-5, IL-13, fator de necrose tumoral (TNF)-a no tecido pulmonar e no líquido de lavagem bronco-alveolar (BALF). De acordo com estes resultados, a administração oral de LM-COS é eficaz no alívio da inflamação alérgica in vivo e, por conseguinte, pode ser uma boa fonte de material para o desenvolvimento de um agente terapêutico potente contra as respostas inflamatórias alérgicas mediadas por mastócitos e a inflamação das vias respiratórias em doenças inflamatórias alérgicas, incluindo a asma. O N-Succinil-quitosano foi escolhido como sistema de transporte. Foi sintetizado através da introdução do grupo succínico nos terminais N do quitosano das unidades de glucosamina. Os estudos in vitro de inchamento e libertação do fármaco foram realizados de acordo com as propriedades do polímero, mostrando a taxa de inchamento e a libertação do fármaco mais elevadas a pH = 7,4 (pH do cólon), em que as micropartículas conseguiram libertar mais de 90% de 5-ASA durante 24 horas de experiências.

Filtragem da água:

Trevor J. Brown e Monica B. Emelko realizaram estudos sobre filtração em linha em escala piloto para investigar os impactos relativos da coagulação de quitosana, alúmen e FeC13 na remoção de oocistos de Cryptosporidium parvum e microesferas de poliestireno do tamanho de oocistos por filtração de meios granulares. As remoções de oocistos e microesferas foram alcançadas quando foram utilizadas doses óptimas de coagulante. Em todas as doses investigadas, a coagulação com quitosana resultou em excelentes reduções de turbidez e de partículas por filtração. [29] O quitosano faz com que as partículas finas de sedimento se aglutinem e sejam posteriormente removidas com o sedimento através da filtração em areia.

Também remove os minerais pesados, o fósforo e os óleos da água. A quitosana é um aditivo vital no método de filtração. Aparentemente, a filtração em areia elimina até 50% da turvação por si só, ao passo que o quitosano com filtração em areia elimina até 99% da turvação. O quitosano tem sido utilizado para precipitar as caseínas do leite bovino e para o fabrico de queijo[30].

Utilização agrícola:

Na agricultura, o quitosano é utilizado principalmente como potenciador do crescimento das plantas e como tratamento natural de sementes, associado a uma substância biopesticida ecológica que aumenta a capacidade inata das plantas para se defenderem contra infecções fúngicas [31]. As aplicações de quitosano em culturas e plantas são reguladas pela EPA, e o Programa Orgânico Nacional da Usda regula a sua utilização em explorações e culturas com certificação biológica. [32] Os produtos de quitosano biodegradáveis aprovados pela EPA podem ser utilizados no exterior e no interior de plantas e culturas cultivadas comercialmente e pelos consumidores [33]. Os biopesticidas activos de quitosano representam um novo nível de controlo biológico eficaz das culturas para a agricultura e a horticultura. O modo de ação de biocontrolo do quitosano provoca respostas de defesa inatas naturais nas plantas para resistir a insectos, agentes patogénicos e doenças transmitidas pelo solo, uma vez aplicado na folhagem ou no solo. [34]

O quitosano aumenta a fotossíntese, promove e melhora o crescimento das plantas, estimula a absorção de nutrientes, aumenta a germinação e o rebentamento, e reforça o vigor das plantas. Quando utilizado como tratamento de sementes ou revestimento de sementes de algodão, com, batata de semente, soja, beterraba sacarina, tomate, trigo e muitas outras sementes, provoca uma resposta de imunidade natural nas raízes em desenvolvimento que destrói os nemátodos de quisto parasitas sem prejudicar os nemátodos e organismos úteis. [35] Naeem M. El-Sawy et.al investigaram o controlo da degradação do quitosano por radiação electromagnética (raios gama) de uma fonte de 60Co na presença de iniciadores como o per-sulfato de amónio e o peróxido de hidrogénio [36]. O quitosano solúvel em água separado do quitosano degradado preparado com doses de irradiação completamente diferentes mostrou um impacto robusto no crescimento da planta de feijão Faba e pode ser utilizado nos campos agrícolas como promotor de crescimento.

Capacidade de curar feridas:

Um dos requisitos fascinantes de um material de penso para feridas é o facto de ter o poder de acelerar a cicatrização da ferida. Vários autores relataram que os pensos para feridas contendo quitosana geram o melhor ambiente de cicatrização para a ferida [37-44]. O primeiro passo no método de cicatrização precoce de feridas é a homeostase devido à coagulação do sangue [39-41]. Descobriu-se que a quitina e o quitosano reforçam a libertação do fator de crescimento derivado das plaquetas-AB (PDGF-AB) e do fator de crescimento transformador Bl (TGF-Bl) das plaquetas [39]. O quitosano foi investigado como um acelerador da cicatrização de feridas em medicina veterinária, tendo-se verificado que reforça a função das células inflamatórias, tais como leucócitos polimorfonucleares (PMN), macrófagos e fibroblastos.

Consequentemente, o quitosano promove a granulação e a organização, pelo que se revelou útil para grandes feridas abertas de animais [42]. O quitosano influencia as vias metabólicas da L-arginina nos macrófagos em repouso e inflamatórios. Ao mesmo tempo, aumenta a atividade da arginase observada num meio inflamatório associado à ferida que é responsável pela cicatrização acelerada da ferida pela quitosana [43], a quitosana tem uma capacidade soberba para influenciar a proliferação de fibroblastos humanos e queratinócitos in-vitro como um índice para o seu potencial como agentes de curativos de feridas, foi demonstrado que a quitosana com um grau mais elevado de desacetilação estimulou a proliferação de fibroblastos [44]. observou-se que a quitosana induz a osteoponina a partir de leucócitos polimorfonucleares ao longo da secção inflamatória da cicatrização de feridas.

Sabe-se que a osteoponina desempenha um papel na inflamação granulomatosa, promove a fixação ou a disseminação de vários tipos de células. O quitosano desempenha um papel importante na cicatrização de feridas [45]. A eficácia/potência do quitosano na cicatrização de feridas pode ser resumida da seguinte forma [46]: aceleração da infiltração de células PMN na área da ferida, aumento da efusão que forma fibrina espessa e ativa a migração dos fibroblastos para a área da ferida, estimula a migração dos macrófagos, estimula a proliferação de fibroblastos e a produção de colagénio de tipo III. R. Jayakumar, M. Prabaharan e colaboradores [47] analisaram os progressos recentes dos materiais fibrosos, membranas, hidrogéis, andaimes e esponjas à base de quitina e quitosano no tratamento de feridas. Os materiais fibrosos à base de quitina e seus derivados têm as propriedades de elevada durabilidade, boa biocompatibilidade, baixa toxicidade, atividade antibacteriana e absorção de líquidos. Estas propriedades permitem acelerar a cicatrização de feridas.

A membrana de quitosano/colagénio pode ser utilizada para acelerar a cicatrização de feridas e induzir a migração e proliferação de células e a atividade antibacteriana. A membrana de polipropileno-colagénio-quitosano pode ser utilizada como um material sensível à temperatura que pode funcionar como uma libertação automática do material de penso quando a ferida estiver cicatrizada. Os hidrogéis à base de quitina e quitosana também podem ser considerados como um penso oclusivo para o tratamento de feridas devido à sua capacidade de acelerar a contração e cicatrização da ferida. Além disso, a permeabilidade à humidade dos hidrogéis pode evitar a acumulação de fluidos em feridas com elevada exsudação para melhorar as propriedades de cicatrização das feridas. As membranas à base de quitina e quitosano são desenvolvidas com diferentes tipos de polímeros, como o alginato, o ácido hialurónico, o diacrilato de polietilenoglicol, o poli(álcool vinílico), o 2-poli(ácido glutâmico) e o metacrilato de 2-hidroxietilo. Devido à sua natureza composta, verificou-se que estas membranas possuem as propriedades especificadas para aplicações de cicatrização de feridas.

Cicatrização sem cicatrizes:

Devido às suas propriedades estruturais, o quitosano tem o poder de cicatrizar feridas sem formar cicatrizes [48, 49]. Foi observado que a cicatrização de feridas fetais ocorre sem fibrose ou formação de cicatrizes [50].

Anteriormente, pensava-se que o mecanismo pelo qual o quitosano previne a formação de cicatrizes se devia à sua capacidade de alterar o fenótipo dos fibroblastos. Pensou-se que a alteração fenotípica era provocada pelo quitosano nas fibras de stress que são compostas por F-actina e actina do músculo liso, relacionadas com a contração da ferida e miofibroblastos, células responsáveis pela contração [51, 52].

Propõe-se agora que esta capacidade se deve à presença abundante de ácido hialurónico na matriz extracelular da ferida fetal. A presença prolongada de ácido hialurónico cria um ambiente que promove o movimento dos fibroblastos fetais. Uma vez que o quitosano é constituído por D-glucosamina, que é também o componente presente nas subunidades dissacarídicas do ácido hialurónico, o quitosano tenta imitar estruturalmente o ácido hialurónico e exerce efeitos semelhantes [53]. Howling et al. propuseram que o quitosano altamente desacetilado inibe a contração das redes de colagénio mediada pelos fibroblastos e, por conseguinte, reduz a contração, o que, por sua vez, reduz a formação de cicatrizes durante a cicatrização de feridas in vivo [54]. O quitosano totalmente desacetilado forma complexos policatiónicos-polianiónicos com o colagénio e, a concentrações elevadas, desnatura o colagénio. A capacidade do quitosano para reduzir a formação de tecido cicatricial é atribuída à capacidade do quitosano para impedir a contração, quer através da interação com o colagénio para formar complexos, quer através da sua desnaturação [55-57].

Administração de medicamentos:

A libertação controlada de fármacos é um domínio inovador para a entrega precisa de medicamentos no local específico. A libertação controlada de fármacos é possível através do encapsulamento ou da absorção do fármaco por polímeros, o que resulta na sua difusão lenta e sustentada a partir de/através de materiais poliméricos. Estes sistemas são susceptíveis de aumentar a eficácia dos tratamentos médicos, minimizar os efeitos secundários e melhorar a adesão dos doentes. Estão a ser feitos esforços para conceber a química dos polímeros de modo a melhorar a administração controlada de medicamentos. Isto também requer uma matriz que não seja tóxica, seja biocompatível e, se possível, biodegradável. É aqui que o quitosano tem sido utilizado como um candidato perfeito para formulações de libertação controlada de fármacos, devido à sua capacidade de formar gel a pH baixo. Kofuji et al. trabalharam com pérolas de quitosano incorporadas com o modelo prednisolona (fármaco anti-inflamatório) [58]. Neste caso, foi observada a libertação sustentada de prednisolona a partir de pérolas de gel de quitosano. A fim de investigar a eficácia terapêutica da libertação sustentada de prednisolona, foi induzida uma inflamação local na superfície dorsal de ratinhos. Os resultados mostram que as esferas de quitosano permitem a libertação sustentada de uma dose mínima eficaz de prednisolona localmente e, além disso, prolongam a duração da atividade do fármaco. Além disso, com uma dose mínima de libertação do fármaco, a possibilidade de efeitos secundários também é reduzida. Numa outra modificação, foram preparadas películas de quitosano carregadas com ácido salicílico e teofilina.

Com base na espetroscopia de RMN de C, foi demonstrado que o ácido salicílico forma uma forte interação com o grupo amino do quitosano, enquanto a teofilina não mostrou qualquer interação com o grupo amino. Foi provavelmente esta interação que levou à libertação sustentada do ácido salicílico, aproximando-se de uma libertação de ordem quase nula. Observou-se que as caraterísticas de dissolução das películas de polímero, a propriedade de inchaço, o pKa dos fármacos e a interação fármaco-polímero são factores importantes que regem a libertação do fármaco da matriz de quitosano [59].

Quitosano para aplicações de engenharia de tecidos:

A perda ou lesão de tecidos e órgãos é um importante problema de saúde humana. O transplante de tecidos ou órgãos é uma terapia padrão para tratar estes doentes. No entanto, esta terapia é severamente limitada devido à escassez de dadores. A engenharia de tecidos (ET) é uma das terapias disponíveis para tratar a perda ou a lesão de tecidos e órgãos. Na engenharia de tecidos regenerativos, estudos recentes sugerem a utilização de suportes para suportar e organizar os tecidos danificados, uma vez que as matrizes tridimensionais proporcionam um ambiente mais favorável ao comportamento celular.

Devido à sua baixa atividade imunogénica, estrutura porosa e biodegradabilidade controlada, os suportes de quitosano são materiais desejáveis para a conceção de sistemas de engenharia de tecidos [60-62]. Para a engenharia de tecidos, o quitosano é um polímero promissor devido à sua não toxicidade, biocompatibilidade e biodegradabilidade. Além disso, o quitosano tem uma estrutura semelhante à dos glucosaminoglicanos, que são o principal componente da matriz extracelular [63]. [63] A engenharia de tecidos é um domínio altamente interdisciplinar que combina os princípios e métodos das ciências da vida e da engenharia para utilizar relações estruturais e funcionais em tecidos normais e patológicos, a fim de desenvolver substitutos biológicos para restaurar, manter ou melhorar a biofunção. O quitosano e os seus derivados são candidatos promissores como material de suporte para aplicações de engenharia de tecidos, devido às suas propriedades de formação de gel, estrutura porosa, elevada afinidade com macromoléculas in vivo, facilidade de modificação química, etc. Yong Kim et.al. [64] debruçou-se sobre os diferentes tipos de derivados de quitosano e a sua utilização em várias aplicações de engenharia de tecidos, nomeadamente pele, osso, cartilagem, fígado, nervos e vasos sanguíneos. A influência do DD em algumas propriedades estruturais e biológicas dos suportes de quitosano para cultura de células e engenharia de tecidos foi estudada por Tili et al. [65].

Determinaram que as estruturas de quitosano com baixo grau de desacetilação (75-85%) apresentavam uma estrutura mais regular e os poros eram bastante uniformes e paralelos com uma secção transversal poligonal. A conetividade lateral dos poros era muito inferior à dos suportes com graus de desacetilação elevados (>85%). Sabe-se que a microestrutura, como a forma, o tamanho e a distribuição dos poros, tem uma influência proeminente na intrusão, proliferação e função das células na engenharia de tecidos.

Também foram efectuados estudos de inchamento, mas não foi encontrada qualquer relação entre o DD e o rácio de inchamento. Os ensaios mecânicos dos andaimes de quitosano revelaram que a resistência mecânica era mais elevada com uma maior DD. A biodegradabilidade dos scaffolds também depende da DD. Os estudos de fixação de células nos andaimes mostraram que uma maior DD favorece a adesão das células.

Outros autores referiram também que um menor grau de acetilação favorecia a adesão celular [66, 67]. Foi avaliada a viabilidade dos fibroblastos em suportes de quitosano com diferentes DD. Foi observado um aumento significativo do número de células em andaimes de quitosano >85% desacetilados. Foi sugerida uma tendência de proliferação elevada quando comparada com os suportes de quitosano pouco desacetilados. Freier et al. [68] prepararam tubos de quitina e quitosano para a regeneração de nervos e a resistência à compressão destes tubos parece aumentar com a diminuição da acetilação.

Tanto a quitina como o quitosano suportam a diferenciação e a adesão de neurónios primários do gânglio da raiz dorsal de pinto in vitro, com um crescimento de neurites significativamente maior no quitosano do que nas películas de quitina. O efeito da DA na adesão celular e na biodegradação de películas de quitina e quitosano foi estudado para encontrar as condições mais adequadas para a compatibilidade celular e a biodegradação óptima [69].

CAPÍTULO 3

NANOPARTÍCULAS DE QUITOSANO

No domínio da administração de medicamentos, o quitosano é um dos materiais mais populares devido à sua adesividade, biodegradabilidade, biocompatibilidade, baixa toxicidade, melhor estabilidade e métodos de preparação simples e suaves. As NPs de quitosano, devido ao seu grande rácio superfície/volume, em comparação com o quitosano na sua forma a granel, têm propriedades físico-químicas, antimicrobianas e biológicas excepcionais.

Possuem uma bioatividade que não prejudica os seres humanos e fazem delas um material amigo do ambiente. Devido a estas propriedades únicas, as NPs de quitosano estão a ser utilizadas em vários produtos e aplicações, que vão desde a administração de medicamentos, produtos farmacêuticos, engenharia de tecidos e embalagem de alimentos até à biossensorização, imobilização de enzimas, tratamento de águas residuais e fabrico de células de combustível [70]. [70] No domínio da administração de medicamentos, as aplicações das NPs de quitosano têm-se centrado sobretudo na produção de transportadores que, por sua vez, melhoram o desempenho e a eficácia das moléculas encapsuladas, quer se trate de macromoléculas ou de medicamentos de baixo peso molecular [71-73]. As NPs, como matrizes sólidas contínuas, são os transportadores mais comuns com uma composição à base de quitosano [74].

Devido à sua baixa toxicidade, melhor estabilidade, método de preparação simples e ligeiro e vias de administração versáteis, as NPs de quitosano são conhecidas como os melhores vectores de administração de medicamentos [75]. Muitos estudos referem a utilização de NPs de quitosano como material de revestimento, em vez de fazerem parte da matriz do sistema, o que constitui um reconhecimento relevante das propriedades apelativas do quitosano para modificar as propriedades da superfície da estrutura central, quer para melhorar o padrão de interação com as estruturas circundantes, quer para melhorar o perfil de biodegradação [76, 77].

De facto, o quitosano também pode ser utilizado como material de revestimento em aplicações de administração de fármacos devido à sua boa propriedade de formação de película. Algumas das vantagens do revestimento de fármacos utilizando NPs de quitosano são a propriedade bioadesiva, a melhoria das cargas úteis do fármaco e as propriedades de libertação prolongada do fármaco em relação aos fármacos não revestidos [78].

Em geral, os factores que afectam a formação de NPs, incluindo o tamanho das partículas e a carga superficial, são o peso molecular e o grau de desacetilação do quitosano. Verifica-se que a eficiência do aprisionamento depende do pKa e da solubilidade dos fármacos aprisionados. O fármaco parece estar associado às NPs de quitosano através de interação eletrostática, ligação de hidrogénio e interação hidrofóbica [79].

Como novo sistema de administração de medicamentos, as NPs de quitosano podem ser administradas por várias vias, como a oral, a nasal, a intravenosa e a ocular. Além disso, as NPs de quitosano têm atraído uma atenção crescente devido às suas vastas aplicações, por exemplo, no carregamento de fármacos proteicos, fármacos genéticos e fármacos químicos anticancerígenos [78]. Em comparação com o quitosano, as suas NPs podem ser administradas por via intravenosa devido ao pequeno diâmetro dos capilares sanguíneos (aproximadamente 4 pm). A biodistribuição das NPs pode variar consoante a carga superficial, o tamanho e a hidrofobicidade das partículas administradas. As partículas com mais de 100 nm de diâmetro são rapidamente absorvidas pelo sistema reticuloendotelial no fígado, baço, pulmão e medula óssea, enquanto as partículas de menor dimensão tendem a ter um tempo de circulação prolongado. As partículas com carga negativa são eliminadas mais rapidamente do que as partículas com carga positiva ou neutras [79].

Por conseguinte, os sistemas de administração de fármacos baseados em NPs de quitosano, devido à sua pequena dimensão e carga positiva, oferecem caraterísticas mais interessantes. Estes sistemas podem também ser formados em solução aquosa sem a utilização de solvente orgânico, tensioativo e cisalhamento elevado. Além disso, as NPs de quitosano são carregadas positivamente, o que pode melhorar a orientação específica para o sítio devido à sua forte afinidade para membranas biológicas carregadas negativamente. Devido à hidrofobicidade do quitosano, os fármacos hidrofílicos podem ser efetivamente encapsulados nas NPs de quitosano [75].

Algumas das aplicações importantes das NPs de quitosano na área farmacêutica e biomédica estão relacionadas com a administração de medicamentos no cólon (por exemplo, metronidazol), administração nas mucosas (por exemplo, insulina), administração de genes (por exemplo, gene de resistência a múltiplos medicamentos, MDR1), terapia do cancro (por exemplo, paclitaxel), administração tópica e administração ocular (por exemplo, flurbiprofeno) [80,75].

As NPs de quitosano são amplamente utilizadas em sistemas de administração tópica devido à sua boa propriedade bioadesiva e à sua capacidade de manter a libertação dos constituintes activos. Na entrega de genes, as NPs de quitosano podem interagir ionicamente com o ADN carregado negativamente e formar complexos polielectrólitos. Nestes complexos, o ADN fica mais bem protegido contra a degradação do núcleo, o que conduz a uma melhor eficiência da transação [78].

O principal obstáculo da quimioterapia convencional contra o cancro é a elevada toxicidade da maioria dos fármacos anticancerígenos, que se deve à distribuição indiscriminada dos fármacos pelas células doentes e saudáveis após a administração sistémica. Além disso, os fármacos anticancerígenos sofrem geralmente de uma fraca solubilidade em água e requerem solventes orgânicos ou detergentes, o que resulta em efeitos secundários indesejáveis, como irritação venosa e dificuldade respiratória.

O encapsulamento de uma grande quantidade de fármacos anticancerígenos utilizando NPs de quitosano é indispensável para o êxito da terapia do cancro [81]. Além disso, na superfície das células tumorais, a carga positiva das NPs de quitosano tem efeitos selectivos de adsorção e neutralização. Como transportador de fármacos, tem uma função de orientação para os pulmões, o fígado, o baço e o cólon [73].

Como vias alternativas de administração sistémica, as superfícies mucosas, como a nasal, a peroral e a pulmonar, estão a ser alvo de grande atenção. As NPs de quitosano têm propriedades mucoadesivas e parecem ser particularmente úteis para formular formas de dosagem bioadesivas para administração nas mucosas (nasal, ocular, bucal, gastro-entérica e vaginal-uterina) [81],

As NPs de quitosano são também um polímero promissor para a administração de medicamentos no cólon, uma vez que podem ser biodegradadas pela flora bacteriana do cólon e têm uma propriedade mucoadesiva. As NPs de quitosano também podem carregar outros medicamentos, incluindo medicamentos antivírus (por exemplo, glicirrizinato de diamónio) e medicamentos hormonais (por exemplo, insulina) [81,75]. As NPs de quitosano carregadas com fármacos são decompostas em quitosano livre e fármaco in vivo. Os fármacos entram nas células e nos tecidos visados para produzir efeitos terapêuticos.

O quitosano é degradado principalmente sob a catálise da lisozima e da enzima bacteriana no cólon. O quitosano absorvido no sangue é eliminado pelos rins e o restante é libertado através dos excrementos. O grau de desacetilação, bem como o peso molecular, também influenciam a taxa de degradação e o grau de quitosano in vivo [78].

As aplicações mencionadas abaixo indicam as principais caraterísticas das NPs de quitosano utilizadas para a administração de alguns agentes terapêuticos. Todas as propriedades acima referidas do quitosano, desde as suas propriedades estruturais intrínsecas até às capacidades demonstradas de mucoadesão e de aumento da permeação, bem como a biodegradabilidade, conferem a este polímero um potencial valioso para aplicações de administração de medicamentos.

Aplicações das nanopartículas de quitosano:

As aplicações das nanopartículas de quitosano são como agentes antibacterianos, vectores de entrega de genes e transportadores para a libertação de proteínas e fármacos. Utilizadas como um potencial adjuvante para vacinas como a vacina contra a hepatite B, a gripe e a vacina contra o paratifoide dos leitões, são utilizadas como um novo sistema de entrega nasal de vacinas. Estas nanopartículas induzem fortes respostas imunitárias contra antigénios e melhoram a captação de antigénios pelos tecidos linfóides da mucosa.

O quitosano pode ser utilizado como aditivo em têxteis antimicrobianos para a produção de vestuário para profissionais de saúde e outros. Está também provado que previne a infeção de feridas e acelera o processo de cicatrização, aumentando o crescimento das células da pele. As nanopartículas de quitosano podem ser utilizadas para fins de conservação na embalagem de alimentos e em medicina dentária para eliminar cáries.

As nanopartículas de quitosano mostram uma atividade antimicrobiana eficaz contra Staphylococcus saprophyticus e Escherichia coli. Estes materiais podem também ser utilizados como material de cicatrização de feridas para a prevenção de infecções oportunistas e para permitir a cicatrização de feridas. As nanopartículas também foram testadas para mostrar propriedades regenerativas da pele quando os materiais foram testados em fibroblastos de células da pele e queratinócitos em laboratório, abrindo caminho para produtos de cuidados da pele anti-envelhecimento.

CAPÍTULO 4

SISTEMA DE PENSO PARA FERIDAS À BASE DE QUITOSANO

O quitosano tem sido e está a ser utilizado em sistemas de pensos sob várias formas devido às suas propriedades acima mencionadas. Alguns dos pensos à base de quitosana desenvolvidos até à data incluem a quitosana como material virgem ou como material químico ou como material misturado. Nas secções seguintes, é apresentada uma discussão sistemática de todos estes sistemas.

(i) Sistemas à base de quitosano virgem:

O quitosano não modificado tem sido amplamente utilizado em pensos para feridas. Samah et al. [82] desenvolveram uma gaze revestida com quitosana e avaliaram-na quanto às suas propriedades térmicas, químicas, antimicrobianas, morfológicas e físicas. A gaze foi embebida em solução de quitosano durante um período de tempo variável. A atividade antimicrobiana das amostras foi realizada contra Escherichia coli e Lactobacillus. Verificou-se que a gaze revestida com quitosano era eficaz contra estes microrganismos, pelo que foi descrita como um potencial penso para feridas. Khan et al investigaram a resistência mecânica, biológica e bioadesiva da película de quitosano como potencial candidato a pensos para feridas. [83] Neste estudo, as películas de quitosano foram preparadas utilizando dois solventes diferentes, nomeadamente ácido acético e ácido lático. Estes pensos foram posteriormente comparados com o penso Omiderm disponível no mercado. Os três pensos foram testados quanto a várias caraterísticas, tais como força bioadesiva, propriedades mecânicas, teste intracutâneo, teste de injeção sistémica de irritação primária da pele e permeabilidade ao vapor de água. Verificou-se que, para o penso para feridas, a película de quitosano-ácido lático era mais adequada do que a película de quitosano-ácido acético, uma vez que a película de quitosano-ácido lático era mais macia, maleável, flexível e bioadesiva do que a película de quitosano-ácido acético. Além disso, verificou-se que a película de ácido quitosano-lático não era alérgica nem tóxica. Estes pensos para feridas baseados em películas de quitosano também foram investigados para feridas de punção-biópsia em ratos [84].

Neste livro, foram criadas feridas de punção-biópsia em ratos e as películas foram avaliadas quanto à sua transparência, aderência, flexibilidade, facilidade de remoção das feridas sem danificar os tecidos subjacentes e acumulação de fluidos. As feridas também foram examinadas quanto à secura, contração, período de epitelização e formação de cicatrizes. As três amostras revelaram-se comparáveis nos parâmetros de transparência, flexibilidade, aderência, facilidade de remoção das feridas sem danificar os tecidos subjacentes e acumulação de fluidos, não tendo sido observada qualquer diferença na secura e exsudação, enquanto as feridas tratadas com película apresentavam um fecho completo e diferiam no período de epitelização e formação de cicatrizes em comparação com as feridas não tratadas. As películas e os hidrogéis de quitosano contendo gluconato de clorexidina, como agente antifúngico, foram desenvolvidos para administração na mucosa oral [85].

As propriedades de libertação in vitro do gluconato de clorexidina foram estudadas utilizando membranas de diálise. A libertação do fármaco das películas foi menor do que a dos géis.

A membrana assimétrica de quitosano como penso para feridas também foi desenvolvida utilizando o método de inversão de fase por imersão-precipitação por Mi et al. [86-88] As membranas assimétricas de quitosano oferecem a interessante combinação de estruturas homogéneas e porosas. Estas membranas são preparadas pelo método de inversão de fase por imersão-precipitação e forma-se uma estrutura em que a camada densa assenta num suporte poroso. Esta membrana assimétrica foi sintetizada através do pré-aquecimento da solução de quitosano fundido no forno durante diferentes períodos de tempo para a separação da fase seca. Estas membranas foram depois imersas num tanque coagulante para separação da fase húmida e subsequentemente liofilizadas. A camada de pele actua como barreira de controlo da taxa de libertação do fármaco, enquanto a camada porosa oferece suporte mecânico à camada de pele.

A taxa de transmissão de vapor de água, a permeabilidade ao gás, a absorção, a solução PBS, a cultura de células, a degradação in-vitro, a penetração bacteriana e o teste de cicatrização de feridas deste penso foram efectuados. Verificou-se que era eficaz no controlo da perda de água por evaporação, apresentava uma excelente permeabilidade ao oxigénio e promovia a capacidade de drenagem de fluidos, mas ao mesmo tempo inibia o crescimento de microrganismos. Verificou-se que a membrana de quitosano actua como um hemostato urgente.

Noutro estudo, a sulfadiazina de prata foi incorporada como agente antimicrobiano neste penso assimétrico. O comportamento de libertação dos iões de prata e de sulfadiazina foi significativamente diferente um do outro. Os iões de prata exibiram um comportamento de libertação lenta, enquanto os iões de sulfadiazina exibiram um efeito de explosão no primeiro dia de libertação do fármaco e, em seguida, diminuíram lentamente

A razão atribuída à diferença no comportamento de libertação dos iões de prata e de sulfadiazina é a interação da prata com o grupo amino dos cidadãos, o que leva à sua libertação lenta, ao passo que, como os iões de sulfadiazina eram livres de se difundirem através da membrana para chegarem ao local da ferida, apresentavam uma libertação rápida. As membranas foram ainda consideradas eficazes contra Pseudomonas aerugniosa e Staphylococcus aureus.

(ii) Sistemas à base de quitosano modificado".

Modificação química".

A modificação química do quitosano tem sido efectuada de modo a introduzir propriedades desejáveis no material para que se possa obter um comportamento específico no penso. Hidrogéis de quitosana fotocrosslinkáveis baseados em azida (ácido p-azida benzoico) e lactose (ácido lactobiónico) foram desenvolvidos através de uma reação de condensação com o grupo amino da quitosana [89-91]. A reticulação foi feita por irradiação UV, o que resultou no hidrogel viscoso e insolúvel.

Este hidrogel de quitosano foi descrito como um forte adesivo tecidular em comparação com a cola de fibrina, que é o adesivo cirúrgico mais utilizado, uma vez que sela eficazmente as fugas de ar de orifícios no intestino delgado isolado, bem como as incisões na traqueia isolada. Estes hidrogéis fotocrosseláveis revelaram-se ainda eficazes para parar a hemorragia causada pelo corte da cauda do rato 60 segundos após a irradiação. Além disso, a aplicação destes hidrogéis de quitosano fotocrosslinkáveis em feridas induzidas em modelos de ratos demonstrou induzir uma contração significativa da ferida e a capacidade de acelerar o seu encerramento e cicatrização. Foi encontrada uma diferença estatisticamente significativa no tempo de encerramento da ferida entre os hidrogéis de controlo, irradiados com UV e não irradiados com UV.

Verificou-se que cerca de 90% do fechamento da ferida foi alcançado somente após 10 dias da aplicação do curativo de hidrogel de quitosana irradiado com UV por 90s. Assim, para além de um bom adesivo para tecidos e uma pinça hemostática urgente, estes têm a capacidade de acelerar a cicatrização de feridas, o que faz do hidrogel de quitosano fotocrosslinkable um excelente penso. Os géis de quitosano N-carboxibutílico favorecem a formação de tecido conjuntivo frouxo, facilitando assim a difusão de substâncias e a proliferação celular.

Outro aspeto de importância na cirurgia plástica [92] é a formação da cápsula. Durante todas as etapas da organização capsular, o N-Caroxibutil quitosano sustentou a correta proliferação e organização e estimulou fisiologicamente o processo de reparação dos tecidos; a angiogénese foi favorecida, enquanto a fibrogénese foi deprimida.

Em doentes submetidos a cirurgia plástica, as zonas doadoras foram tratadas com almofadas macias de N-carboxbutilquitosano liofilizado para promover a regeneração ordenada dos tecidos. Outro derivado do quitosano, o quitosano 5-metilpirrolidinona, foi desenvolvido e investigado por Muzzarelli et al. [93] Este polímero foi desenvolvido na sequência de uma série de reacções químicas e foi considerado compatível com outras soluções poliméricas como o álcool polivinílico, a gelatina, a poli(vinilpirrolidinona) e o ácido hialurónico. Foi observada a cicatrização de úlceras de decúbito e de tecidos meniscais feridos.

Os pensos foram preparados por diálise de uma solução aquosa de 5-metilpirrolidinona, seguida de laminação entre placas de aço inoxidável e liofilização. As redes interpenetrantes constituem uma nova classe de material em que um componente ativo pode ser homogeneamente disperso na matriz de base. A preparação da rede requer a polimerização de um monómero dentro do polímero de base inchado, de modo a formar uma rede tridimensional do monómero.

A quitosana foi desenvolvida em IPN através da sua interação com o ácido acrílico para aplicação em pensos para feridas [94]. O ácido acrílico foi polimerizado por azo-bis-iso-butyronitrile na presença de solução de quitosana, de modo a formar uma rede tridimensional de ácido poliacrílico dentro da matriz de quitosana. A adição de ácido acrílico à película aumenta a sua biocompatibilidade e capacidade de retenção de água.

Observou-se que o comportamento de inchamento das películas de quitosano-ácido acrílico depende do pH. O IPN de quitosano apresenta um elevado grau de inchamento em condições ácidas e alcalinas, enquanto apresenta o menor inchamento a um pH de 7,0. Este comportamento deve-se à ionização dos grupos amino do quitosano e dos grupos carboxilo do ácido poliacrílico em pH ácido e alcalino, respetivamente.

Esta ionização resulta, de facto, na repulsão das cadeias e proporciona espaço suficiente para a penetração da água. Foram desenvolvidos hidrogéis interpoliméricos biodegradáveis e biocompatíveis de poli [N-vinil-2-pirrolidona]-polietilenoglicol diacrilato-quitosano [95]. A polimerização da poli [N-vinil-2-pirrolidona], do diacrilato de polietilenoglicol e do quitosano foi efectuada utilizando AIBN e BIS (N, N'-metilenobisacrilamida). Estes hidrogéis foram incorporados com teofilina e 5-flurouracil e investigados para administração oral de fármacos.

Observou-se que o comportamento de libertação do fármaco destes hidrogéis dependia do pH, em que, nas primeiras duas horas a pH gástrico, 50% do fármaco aprisionado era libertado e os restantes 50% do fármaco apresentavam uma libertação lenta. Noutro estudo, foi concebida uma rede semi-interpenetrante de quitosano e N-isopropilacrilamida utilizando tetraetilenoglicodiacrilato como reticulador através de polimerização por radicais livres [96]. Verificou-se que o grau de reticulação e o rácio do conteúdo de quitosano/poli (N-isopropilacrilamida) influenciam as propriedades destes hidrogéis de resposta a estímulos duplos. Verificou-se que os hidrogéis sintetizados são sensíveis ao pH e à temperatura e potentes veículos de administração controlada de fármacos para o cloridrato de pilocarpina. O citrato tem sido um reticulador eficaz para modificar o quitosano [97].

Foram preparadas películas de citrato/quitosano carregadas com os fármacos modelo azul brilhante e riboflavina para o tratamento de feridas. As películas de quitosano com ligações cruzadas de citrato foram preparadas mergulhando a película de quitosano numa solução de citrato de sódio. Observou-se que estas películas de citrato/quitosano são sensíveis ao pH. Em condições acéticas, estas películas incham e dissociam-se a um pH inferior a 3,5 e a libertação de azul brilhante e riboflavina foi rápida, ou seja, libertaram-se completamente em duas horas no fluido gástrico estimulado a 37°C, enquanto em condições neutras a taxa de libertação de azul brilhante e riboflavina foi inferior a 40% em 24 horas nas mesmas condições. Park et al. [98] desenvolveram uma nova membrana inorgânica-orgânica sensível ao pH baseada numa rede interpenetrante que utiliza silicato inorgânico e quitosano orgânico para a administração de medicamentos.

A infiltração de cloridrato de lidocaína, salicilato de sódio e 4-acetomidofenol nesta membrana foi estudada e verificou-se que era sensível ao pH externo, bem como à interação iónica do fármaco com o quitosano. Mizuno et al prepararam uma película de quitosano por liofilização de solução tampão de acetato de hidroxipropilquitosano (um derivado solúvel em água do quitosano) incorporado com fator básico de crescimento de fibroblastos (bFGF) [99], Estas películas de quitosano com bFGF foram testadas quanto à sua capacidade de cicatrização de feridas em ratos geneticamente diabéticos e verificou-se que serviam como veículo de entrega estável, além de ajudarem a induzir a proliferação de fibroblastos, o aumento do número de capilares e a presença de tecido de granulação abundante, o que ajuda a acelerar a cicatrização de feridas.

Lee et al. desenvolveram uma série de novas redes interpenetrantes de hidrogéis à base de ácido acrílico, N-vinilpirrolidona e quitosano utilizando a fotopolimerização [100]. Vários fármacos, incluindo a cafeína, a vitamina B12, etc., foram incorporados nestes NPI e estudados quanto ao seu comportamento de libertação, tendo sido também avaliados quanto ao rácio de inchamento.

Modificação do enxerto.

Os copolímeros de enxerto são materiais que consistem numa estrutura de homopolímero e têm ramificações de outros tipos de polímeros. A enxertia constitui uma excelente forma de introduzir as funcionalidades desejadas na estrutura do quitosano através da ligação covalente com uma molécula. A transformação do quitosano num hidrogel por enxerto pode ser conseguida por diferentes métodos, como a iniciação química, fotoquímica e gama.

O rendimento relativo do enxerto é significativamente influenciado pela natureza destes métodos de iniciação. Observou-se que a iniciação por UV conduz a níveis muito mais baixos de enxertia em comparação com os outros métodos, enquanto a radiação gama produz um nível muito elevado de enxertia [101]. É importante mencionar aqui que a radiação gama, sendo uma radiação de alta energia, pode levar a uma degradação significativa da matriz de quitosano.

O quitosano tem na sua estrutura apenas dois grupos reactivos que podem ser enxertados, nomeadamente o grupo amino livre e os grupos hidroxilo (nas posições C-3 e C-6). Foi relatado que o enxerto de quitosano permite melhorar o seu efeito bacteriostático [102] e também aumenta a capacidade de absorção do plasma [103]. Estas duas são as propriedades mais desejáveis exigidas para os pensos para feridas.

Apesar de a enxertia trazer as caraterísticas desejadas através da modificação do quitosano, este mantém algumas das suas propriedades importantes de ser biocompatível [104] e biodegradável [100]. O enxerto de 2-hidroxietilmetacilato (2-HEMA) no quitosano leva a uma melhor biocompatibilidade dos materiais [105]. [105] A co-enxertia de ácido acrílico e acrilamida no quitosano foi também investigada para desenvolver hidrogéis superabsorventes

[106].

Observou-se que estes materiais apresentam um comportamento de dilatação dependente do pH. Simultaneamente, foi demonstrada a reversibilidade do inchaço dos hidrogéis após a alteração do pH na região ácida e básica (pH 3-10). Este comportamento da rede de hidrogéis de quitosano pode ser explorado de forma inteligente para sistemas de administração de fármacos específicos. Num dos estudos, verificou-se que a atividade antimicrobiana do quitosano aumentava com o enxerto de EDTA no quitosano [107]. Verificou-se que este quitosano enxertado com EDTA melhorava a atividade antimicrobiana ao formar um complexo com magnésio, que estabiliza a membrana externa das bactérias gram-negativas. Foi fabricada uma nova membrana mucoadesiva baseada na polimerização in-situ iniciada por luz do ácido acrílico na presença de quitosano [108].

A membrana foi incorporada com acetonido de triamcinolona (TAA), utilizado para reduzir a inflamação no tratamento de úlceras da boca. Verificou-se que a membrana carregada com TAA satisfaz os requisitos de um sistema de administração transmucosa de fármacos com libertação de fármaco em função do pH e da quantidade de fármaco carregado. Sistema baseado numa mistura de quitosano: A mistura de um polímero adequado com quitosano constitui uma alternativa para introduzir as propriedades desejadas no material.

De facto, vários polímeros de hidrogel foram incorporados no quitosano para obter um comportamento superabsorvente no material misturado [109-114]. O quitosano foi também misturado com celulose para o fabrico de pensos para feridas e avaliado quanto às suas actividades mecânicas e antibacterianas [110]. Em ácido acético aquoso e ácido tetrafluoroacético, a celulose e a quitosana foram dissolvidas, respetivamente, e as soluções resultantes foram subsequentemente misturadas em diferentes proporções. A partir desta solução, foram posteriormente preparadas películas e investigada a sua taxa de transmissão de vapor de água.

Os resultados demonstram que o penso tem capacidade para evitar a desidratação excessiva da ferida. O filme foi ainda analisado quanto à resistência à tração e às propriedades térmicas mecânicas. Verificou-se que o desempenho do penso para feridas é regido pelo componente de celulose no material misturado.

Outro curativo de hidrogel foi desenvolvido pela mistura de quitosana e polivinilpirrolidona (PVP), à qual também foi adicionado glutaraldeído [115]. Neste estudo, o efeito modulador de crescimento do hidrogel de quitosana-PVP no crescimento de fibroblastos in-vitro foi avaliado. Verificou-se que este hidrogel não é tóxico e é biocompatível com os fibroblastos, apoiando o crescimento das células epiteliais. Este auxiliar de tratamento de feridas tem a vantagem adicional de evitar a fibrose excessiva, imitando assim a cicatrização de feridas fetais, em que a cicatrização da ferida ocorre sem formação de cicatriz.

Noutro estudo, foi desenvolvida uma rede semi-interpenetrante sensível ao pH de uma mistura de quitosano e PVP para a administração controlada de medicamentos [111]. O quitosano e o PVP foram reticulados com glutaraldeído e incorporados com amoxicilina. O hidrogel foi liofilizado, dando origem a uma matriz porosa.

As amostras porosas liofilizadas foram avaliadas em termos da sua dilatação dependente do pH e observou-se que eram superiores às amostras secas ao ar. Verificou-se que as membranas de hidrogel liofilizadas foram capazes de libertar cerca de 73% do fármaco incorporado na membrana. Misturas de quitosana com diferentes tipos de polietilenoglicol (PEG) foram relatadas para desenvolver membranas para curativos de feridas [112].

O PEG tem caraterísticas excepcionais de baixa toxicidade, resistência às proteínas e imunogenicidade, juntamente com a biocompatibilidade. É aqui que uma combinação de quitosano com PEG melhoraria as caraterísticas biológicas da membrana de mistura. As membranas assim desenvolvidas foram ainda investigadas quanto às suas propriedades físicas e químicas, incluindo resistência mecânica, ângulo de contacto, IR, molhabilidade, DSC, medição da tensão-deformação e biocompatibilidade.

O PEG é geralmente misturado com o quitosano devido aos seus efeitos benéficos nas caraterísticas biológicas das membranas complexas. Neste caso, os resultados indicam que a mistura tem um efeito significativo na biocompatibilidade, embora tenha um pequeno efeito nas propriedades mecânicas da membrana. Uma membrana porosa sub-micrométrica também pode ser fabricada através da mistura de quitosano e PEG [113].

A estrutura porosa é produzida por dissolução selectiva de membranas de mistura de quitosano/PEG para a sua estrutura multifásica. A membrana foi avaliada quanto à sua estrutura de poros, capacidade de dilatação e propriedades mecânicas e verificou-se que todos estes parâmetros eram influenciados pelo conteúdo e peso molecular do PEG e pelo grau de reticulação. Verificou-se que o comportamento de inchamento destas membranas depende do pH. Este estudo foi alargado com a utilização de dois polímeros sintéticos homólogos, nomeadamente a polivinilpirrolidona e o PEG, para misturar com o quitosano na conceção de membranas microporosas [114].

PELÍCULA DE FIXAÇÃO COM MISTURA DE QUITOSANO:

Sparkes e Murray et al. [116] patentearam um curativo para feridas cirúrgicas composto por um complexo de quitosana-gelatina. A proporção quitosana-gelatina foi variada de 3:1 a 1:3; glicerol e sorbitol também foram adicionados para dar efeito plastificante. A partir desta solução, as películas foram moldadas numa placa plana e secas à temperatura ambiente. Estas películas foram consideradas superiores aos pensos biológicos convencionais. Noutro estudo, a quitosana e a gelatina foram misturadas para fabricar uma pele artificial adequada para a engenharia de tecidos cutâneos [117].

Aqui, a estrutura assimétrica do andaime foi fornecida usando o método de congelamento e liofilização. O revestimento foi ainda investigado quanto à sua capacidade de absorção de água e proliferação de fibroblastos in-vitro. O andaime misturado era flexível com boas propriedades mecânicas e observou-se que era mais molhável e adsorvia mais água do que a quitosana sozinha.

Os sistemas à base de quitosano foram alargados ao alginato como aditivo para os pensos para feridas [118]. O alginato de cálcio mostra superioridade em relação a outros componentes misturados devido à sua natureza hemostática natural e à capacidade de formação de gel, o que ajuda na remoção fácil do penso das feridas - um sinal de penso confortável. O grupo do Sree Chitra Triunal Institute for Medical Sciences and Technoloy, Thiruvananthapuram, Índia, desenvolveu estes pensos bioactivos que demonstraram um excelente comportamento de cicatrização em úlceras crónicas. Estes pensos demonstraram ser económicos em comparação com outros pensos comerciais para feridas. As tendências recentes surgiram sob a forma de uma membrana composta em que um material têxtil é revestido com a solução de quitosano [119]. A estrutura composta é subsequentemente tornada porosa através do processo de coagulação, de modo a formar uma camada densa no topo de uma estrutura altamente porosa. O reforço de tecido proporciona resistência aos pensos.

CAPÍTULO 5

LIMITAÇÕES E CONCLUSÕES

Limitações:

O quitosano sofre de baixa solubilidade a um pH fisiológico de 7,4, o que limita a sua utilização como potenciador da absorção, por exemplo, em sistemas de administração nasal ou peroral [120].

Outra limitação do quitosano para a preparação de sistemas de libertação sustentada decorre da sua rápida adsorção de água e do seu elevado grau de inchaço em ambientes aquosos, o que leva a uma libertação rápida do fármaco [121].

CONCLUSÃO:

O quitosano é um biopolímero multifuncional com muitas aplicações interessantes. A presente revisão concluiu que o quitosano, com as suas caraterísticas versáteis, como a adesividade, a natureza biodegradável e a atividade antitumoral, funciona como o melhor veículo para a terapia do cancro, quando comparado com outros polímeros naturais disponíveis. O quitosano parece ser um excelente material de penso para a cicatrização de feridas.

Nesta revisão, analisámos os progressos recentes dos materiais fibrosos, membranas, hidrogéis, andaimes e esponjas à base de quitosano no tratamento de feridas. O quitosano tem excelentes propriedades, como a biocompatibilidade, a biodegradabilidade, a não toxicidade e tem demonstrado melhorar a cicatrização de feridas em animais e humanos.

Como mostrámos neste capítulo, os quitosanos apresentam uma grande variedade de propriedades, o que lhes permite ter um grande número de aplicações.
Estas propriedades podem ser melhoradas através de modificações do quitosano no seu grupo amino primário. As modificações podem ser efectuadas através de modificações químicas, modificações de enxerto e sistemas de mistura de quitosano. Estas caraterísticas únicas tornam o quitosano e, em particular, os seus derivados, excipientes valiosos para a

administração de medicamentos, engenharia de tecidos, etc.

Esta revisão também resume a aplicação de nanoestruturas de quitosano para encapsular e imobilizar ingredientes bioactivos. Têm potencial para o desenvolvimento de novos suportes de encapsulamento ou imobilização. O quitosano ainda está a ser explorado para uma variedade de aplicações.

Referências

1. Cochrane C, Rippon M G, Rogers A, Walmsley R, Knottenbelt D e Bowler P 1999 Aplicação de um modelo in vitro para avaliar a bioadesão de fibroblastos e células epiteliais a dois pensos diferentes *Biomaterials.* **20** 1237.
2. Oehmichen M. 2004 Vitalidade e evolução temporal das feridas *Forens. Sci.* Int. **144** 221.
3. Larry L H 1998 Biomaterials: a forecast for the future *Biomaterials* **19** 1419.
4. Errigton N, Harding S E, Varum K M e Ilium L 1993 Caracterização hidrodinâmica do quitosano com diferentes pesos moleculares e graus de acetilação. *Int J Biol Macromol* **15** 113.
5. Wang W e Xu D 1994 Viscosidade e propriedades de fluxo de soluções concentradas de quitosano com diferentes graus de desacetilação. Int. J. Biol. Macromol. **16** 149.
6. Muzzarelli R A A editor. Natural chealting polymers, Nova Iorque: Pergamon Press, 1973. p. 83-277.(Pub : Oxford, New York)
7. Gupta K C e Ravi Kumar M N V. 2000 An overview on chitin and chitosan applications with emphasis on controlled drug release formulations. *JMacromol Sci, Rev Macromol Chem Phys* C **40,** 273.
8. Khan T A e Peh K K. 2003 A prelimeinary investigation of chitosan film as dressing for punch bioposy wounds in rats. *J Pharm Pharmaceut Sci.* **6** 20.
9. Koga D. Chitin enzymology-chitanase. In: Chen R, Chen H C. editores. Advances in Chitin Science. Taiwan: Rita Advertising Co. Ltd., 1998, 3 p. 16-23.
10. Patashnik S, Rabinovich L e Golomb G. 1997 Preparação e avaliação de microesferas de quitosano. *J Drug Target.* **4** 371.
11. Song J S, Such C H, Park Y B, Lee S H, Yoo N C, Lee J D, Kim K H e Lee S K. 2001 A phase I/IIa study on intra-articular injection of holmium-166 chitosan complex for the treatment of knee synovitis of rheumatoid arthritis. *Eur J Nucl Med* **28** 489.

12 Felt O, Furrer P, Mayer J M, Plazonnet B, Buri P e Gumy R. 1999 Utilização tópica de quitosano em oftalmologia: avaliação da tolerância e avaliação da retenção pré-corneal. Int J *Pharm* **180** 185.

13 Samah N A, S. Zakaria M A, Yarmo e Ayub M K. 2001Preparação de gaze revestida com quitosano e suas propriedades morfológicas e físicas. Proc. NSF Workshop, Kaula Lumpur.

14 Lim S H e Hudson S M. 2003 Review of Chitosan and Its Derivatives as Antimicrobial Agents and Their Uses as Textile Chemicals. J *Macromol Sci* **C 43** 223.

15 . Tsai, G. J. e Su, W. H. 1999 J. *Food. Prot* **62** 239

16 . Young, D. H. e Kauss, H. 1983 *Plant Physiol.* 73, 698.

17 Chung Y C, Wang H L, Chen Y M e Li S L. 2003 Effect of abiotic factors on the antimicrobial activity of chitosan against waterborne pathogens. *Biores Tech* **88** 179.

18 No H K, Park N Y, Lee S H, Meyers S P. 2002 Antimicrobial activity of chitosan and chitosan oligomers with different molecular weights. *Int J Food Microbio* 74 65.

19 Fang S W, Li C F, Shih D Y C. 1994 Atividade antifúngica do quitosano e seu efeito conservante em kumquat cristalizado com baixo teor de açúcar. *J Food Protect* **56** 136.

20 Hwang J K, Kim H J, Yoon S J e Pyun Y R. 1998 Atividade bacteriana do quitosano em E.Coli. In: Chen R H, Chen H C. editores. Advances in Chitin Science. Taiwan: Rita Advertising Co. Ltd. 340.

21 Rabea E I, Badawy MET, Stevens C V, Smagghe G, Steurbaut W. 2003 Chitosan as Antimicrobial Agent: Aplicações e modo de ação. *Biomacromolecules* **4** 1457.

22 Cuero R G. Osuji G. e Washington A. **1991** *Biotechnol. Lett* 13 .441.

23 . Roller S. e Covill N. **1999** *Int. J. Food Microbiol* 67.

24 Helander I M, Nurmiaho-Lassila E L, Ahvenainen R, Rhoades J. e Roller S **2001** *Int. J. Food Microbiol,* 30, 235.

25 .Guibal, E. **2004** *Sep. Purif. Techn,* 38, 43

26 Wang X Du Y, Fan L, Liu H e Hu Y. **2005** *Polymer Bulletin* 55 105.

27 Kumar ABV, Varadaraj M C, Gowda L R e Tharanathan R N, **2005** *Biochem. J* 391, 167.

28 Chung M J, Park J K, Park Y I. **2012** *Int. Immunol* 12 453.

29 . Trevor J B e Mónica B E. **2009** *Water Res* 43 331.

30 . Alan Woodmansey (Engenheiro de Estradas) (19 de março de 2002). "Tratamento de

quitosana de água carregada de sedimentos - Projeto Issaquah 1-90 do estado de Washington". Administração Federal de Rodovias. Departamento de Transportes dos EUA. Recuperado em 2006-07-10.

31 Naeem M, Hassan A, Ahmed M, El-Sayed A, **2010** *Carbohydr. Polym* 79,555.

32 Linden J, Stoner R, Knutson K. Gardner-Hughes C, Organic Disease Control Elicitors, Agro Food Industry Hi-Te: 2000; 12-15 .

33 . "USDA NOP and EPA Rule on Chitosan, Federal Rcgistcr/Vol. 72, No. 236/Monday, December 10,2007/Rules and Regulation"

34 . "Chitin and Chitosan Final Registration Review Decision, Document ID: EPAHQ- QPP-2007-0566-0019, Dec 11, 2008, pp 10-15, Regulations.gov".

35 Smiley R., Cook R.J., Pauliz T., Seed Treatment for Sample Cereal Grains Oregon State University, 2002, EM 8797.

36.Goosen, Mattheus F. A ,Goosen, M. F.,, Applications of Chitin and Chitosan, CRC Press. ISBN 978-1-56676-449-0. 1996, 132-139.

37.Felt O, Furrer P, Mayer J M, Plazonnet B, Buri P, Gumy R. **1999** Utilização tópica de quitosano em oftalmologia: avaliação da tolerância e avaliação da retenção pré-corneal *Int JPharm* 180(2) 185.

38. Samah N A, S. Zakaria M A, Yarmo e Ayub M K. **2001** Preparação de gaze revestida com quitosano e suas propriedades morfológicas e físicas. Proc. NSF Workshop, Kaula Lumpur.

39.Okamoto Y, Yano R, Miyatake K, Tomohiro I, Shigemasa Y, Minami S **2003** Effects of chitin and chitosan on blood coagulation Carbohydr Polym 53(3) 337.

4O.Brandenberg G, Leibrock L G, Shuman R, Mallete W G, Quigley H **1984** Chitosan: A new topical hemostatic agent for diffuse capillary bleeding in brain tissue *Neurosurgery* 15 9.

41 Klokkevold P R, Subar P, Fukuyama H, Bertolami C N **1992** Effect of chitosan on lingual haemostasis in rabbits with platelet dysfunction induced by epoprostenol J *Oral Maxillofacial Surg;50* 41.

42 Ueno H, Mori T, Fujinaga T **2001** Formulações tópicas e aplicações de quitosano para a cicatrização de feridas Adv *Drug Del Rev* 52 105.

43 Porporatto C, Bianco I D, Riera C M, Correa S G. **2003** Chitosan induces different L-

arginine metabolic pathways in resting and inflammatory macrophages *Biochem & Biophys Res Comm* 304 266.

44 Howling G I, Dettmar P W, Goddard P A, Hampson F C, Domish M, Wood E J **2001** The effect of chitin and chitosan on the proliferation of human skin fibroblasts and keratinocytes in vitro *Biomaterials* 22 2959.

45 Ueno H, Murakami M, Okumura M, Kadosawa T, Uede T, Fujinaga T **2001** O quitosano acelera a produção de osteoponina a partir de leucócitos polimorfonucleares *Biomaterials* 22 1667.

46 Ueno H, Yamada H, Tanaka I, Kaba N, Matsuura M, Okumura M, Kadosawa T, Fujinaga T **1999** Efeitos aceleradores do quitosano na cicatrização na fase inicial de feridas abertas experimentais em cães *Biomaterials* 20 1407.

47 Koga D. **1998** Chitin enzymology-chitanase. In: Chen R, Chen H C. editores. Advances in Chitin Science. Taiwan: Rita Advertising Co. Ltd 3 16.

48 Risbud M, Hardikar A, Bhonde R **2000** Modulação do crescimento de fibroblastos por hidrogel de quitosana-polivinilpirrolidona: implicações para o tratamento de feridas *J Biosci* 25 25.

49 Usami Y, Okamoto Y, Minami S, Matasuhashi A, Shigemasa Y **1997** Influência do comprimento da cadeia de resíduos de N-acetil D-glucosamina nas actividades quimiotácticas diretas e mediadas por complicações das células polimorfonucleares caninas *Carbohydr Polym* 32 115.

50 Lorenz H P, Adzick N S. **1993** Scarless skin wound repair in fetus *West J Med* 159 350.

51 Demouliere A, Gabbiani G. In Clark RAF. editor. The Molecular Cellular Biology of Wound Repair. 2nd edn New York: Plenum Press, 1996. 391.

52 Bell E, Ivarsson B, Merrill *P* **1979** *Proc. Natl. Acad. Sci. U.S.A* 76 1274.

53 Longaker M T, Chiu E S, Adzick N S, Stem M, Harrison M R, Stem R. **1991** Estudos sobre a cicatrização de feridas fetais V. A presença prolongada de ácido hialurónico caracteriza o fluido das feridas fetais Ann Surg 213 292.

54 Howling G I, Dettmar P W, Goddard P A, Hampson F C, Domish M, Wood E J **2002** The effect of chitin and chitosan on fibroblast-populated collagen lattice contraction *Biotechnol Appl Biochem* 36 247.

55 Taravel M N e Domard A **1993** Relação entre as caraterísticas físico-químicas do

colagénio e a sua interação com o quitosano: I *Biomaterials* 14 930.

56 Taravel M N e Domard A **1995** Colagénio e sua interação com quitosano: II. Influência das caraterísticas físico-químicas do colagénio *Biomateriais* 16 865.

57 Taravel M N e Domard A **1996** O colagénio e a sua interação com o quitosano: III. Algumas propriedades biológicas e mecânicas *Biomateriais* 17 451-455.

58 Kofuji K, Akamine H, Qian C J, Watanabe K, Torgan Y, Nishimura M, Sugiyama I, Murata Y, Kawashima S **2004** Eficácia terapêutica da libertação sustentada de fármacos a partir de gel de quitosano na inflamação local *Int J Pharm* 272 65.

59 Puttipipatkhachom S, Nunthanid J, Yamamoto K, Perk G E. **2001** Estado físico do fármaco e interação dmg-polímero na libertação do fármaco a partir de películas de matriz de quitosano *J Contr RellS* 143.

60 .H0 M H, Wang D M, Hsieh H J, et al **2005** Preparação e caraterização de scaffolds de quitosano imobilizados com RGD *Biomaterials* 26 3197.

61 Ma L, Gao C, Mao Z, et al. **2003** Collagen/chitosan porous scaffolds with improved biostability for skin tissue engineering *Biomaterials* 24 4833.

62 Madihally S V e Howard W T **1999** Porous chitosan scaffolds for tissue engineering *Biomaterials* 20 1133.

63 Giri T K, Amrita T, Amit A, Ajazuddin, Hemant B, Tripathi D K **2012** Hidrogéis de quitosano modificados como sistemas de administração de medicamentos e de engenharia de tecidos: estado atual e aplicações *Ata Pharmaceutica Sinica B* 2,439.

1 4.In-Yong K et al **2008** Quitosano e seus derivados para aplicações de engenharia de tecidos *Biotech* Adv 26 1.

65 .T111 R, Karakefili A, Giimu derelio lu M. **2007** Caracterização in vitro de estruturas de quitosano: influência da composição e do grau de desacetilação J *Mater Sci* 18 1665.

66 Chatelet C, Damour O, Domard A **2001** Influência do grau de acetilação em algumas propriedades biológicas de filmes de quitosano *Biomaterials* 22 261.

67 Amaral I F, Lamghari M, Sousa S R, Sampaio P, Barbosa M A. **2005** *J Biomed Mater Res* 75A 387.

68 Freier T, Montenegro R, Koh HS, Shoichet MS. Tubos à base de quitina para engenharia de tecidos no sistema nervoso. Biomaterials 2005;26(22): 4624-32.

69 Freier T, Koh H S, Kazazian K, Shoichet MS. Controlo da adesão celular e da degradação

de filmes de quitosano por N-acetilação. Biomaterials 2005; 26(29): 5872-8.

70 Jafarizadeh-Malmiri H, Gaz-Jahanian M A e Berenjian A **2012** Potenciais aplicações de nanopartículas de quitosano como novo suporte na imobilização de enzimas *Am. J. Biochem. Biotechnol* 8 203.

71 Andrade F, Antunes F, Nascimento A, Da Silva S e das Neves J *et al* **2011** Chitosan formulations as carriers for therapeutic proteins *Current Drug Discovery Tech* 8 157.

72 Dash M, Chiellini F, Ottenbrite R **M** e Chiellini E **2011** Chitosan-A versatile semi-synthetic polymer in biomedical applications *Progress Polymer Sci* 36 981.

73 Wang J J, Zeng Z W, Xiao R, Xie Z T e Zhou G L *et al* **2011** Recent advances of Chitosan nanoparticles as drug carriers *Int. J. Nanomed* 6 765.

74 Park J H, Saravanakumar G, Kim K e Kwon I C **2010** Entrega direcionada de fármacos de baixo peso molecular utilizando quitosano e seus derivados *Adv. Drug Delivery Rev* 62 28.

75 Rajan M e Raj V **2013** Potenciais aplicações de entrega de medicamentos de nanomateriais à base de quitosana *Int. Rev. Chemical Eng* 5 145.

76 Fonte P, Andrade F, Araujo F, Andrade C e Neves J D *et al* Nanopartículas lipídicas sólidas revestidas com quitosana para administração de insulina **2012** *Methods Enzymol* 508 295.

77 Grenha A **2012** Nanopartículas de quitosana: Um estudo dos métodos de preparação J. *Drug Target* 20 291.

78 Agnihorti S A, Mallikarjuna N N e Aminabhavi T M **2004** Recent advances on Chitosan based micro-and nanoparticles in drug delivery J. *Controlled Release* 100 5.

79 Tiyaboonchai W, **2003** Nanopartículas de quitosano: Um sistema promissor para a administração de medicamentos *Universidade de Naresuan* J 11 51.

80 Yang Y, Wang Z, Li M e Lu S **2009** Nanopartículas de plasmídeo de quitosano/pshRNA que visam o gene MDR1 invertem a resistência ao paclitaxel em células de cancro do ovário *J. Huazhong University Sci. Tech* 29 239.

81 Patel M P, Patel R R e Patel J K **2010** Chitosan mediated targeted drug delivery system: Uma revisão J. *Pharmacy Pharmaceutical Sci* 13 536.

82 Samah N A, Zakaria S, Yarmo **M** A e Ayub **M** K. **2001** Preparação de gaze revestida com quitosano e suas propriedades morfológicas e físicas. Proc. NSF Workshop, Kaula

Lumpur.

83 Khan T A, Peh K K, Chang H S **2000** Mechanical; bioadhesive strength and biological evaluations of chitosan films for wound dressing *J Pharm Pharmaceut* 3 303.

84 Khan T A, Peh K K. **2003** A prelimeinary investigation of chitosan film as dressing for punch bioposy wounds in rats *J Pharm Pharmaceut Sci* 6 20.

85 Senel S, Ikinci G, Kas S, Rad A Y, Sargon M F, Hincal A A **2000** Chitosan films and hydrogels of chlorhexidine gluconate for oral mucosal delivery *Int J Pharm* 193 197.

86 Mi F L, Shyu S S, Wu Y B, Lee S T, Shyong J Y, Huang R N **2001** Fabrico e caraterização de uma membrana de quitosano assimétrica semelhante a uma esponja como penso para feridas *Biomaterials* 22 165.

87 Mi F L, Wu Y B, Shyu S S, Chao A C, Lai J Y, Su C C **2003** Membranas assimétricas de quitosano preparadas por separação de fases seco/húmido: um novo tipo de penso para feridas com libertação antibacteriana controlada *JMemb Sci* 212 237.

88 Mi F L, Wu Y B, Shyu S S, Schoung J Y, Huang Y B, Tsai Y H, Hao J Y **2002** Controlo de infecções de feridas utilizando um penso de quitosano em bicamada com administração sustentável de antibióticos J *Biomed Mater Res* 59 438.

89 .1shihara M **2002** Hidrogel fotocrosslinkable como penso para feridas e adesivo biológico *Trends Glycosci & Glycotech* 14 331.

90 Obara K, Ishihara M, Ishizuka T, Fujita M, Ozeki Y, Maehara T, Saito Y, Yura H, Matsui T, Hattori H, Kikuuchi M, Kurita A **2003** Hidrogel de quitosano fotocrosslinkável contendo fator de crescimento de fibroblastos-2 estimula a cicatrização de feridas em ratos db/db com problemas de cicatrização *Biomaterials* 24 3437.

91 Ishihara M, Nakanishi K, Ono K, Sato M, Kikuchi M, Saito Y, Yura H, Matsui T, Hattori H, Uenoyama M, Kurita A **2002** Photocrosslinkable chitosan as a dressing for wound oclusion and accelerator in healing process *Biomaterials* 23 833.

92 Biagini G, Bertani A, Muzzarelli R. et al. *C991Chrbohydr Res* 12 281.

93\. Muzzarelli R A A. Patente dos EUA 5378472.

94\. Arora A, Alam S, Gupta B. Book of abstracts, International conference Macro 2004 Dec. 14-16, Thiruvananthapuram, India.

95\. Shantha K L, Harding D R K **2000** Preparação e avaliação in-vitro de hidrogéis interolímeros de poli[N- vinil-2-pirrolidona-polietilenoglicoldiacrilato-quitosano sensíveis ao pH para administração oral de medicamentos *Int J Pharm* 207 65.

96.Verestiuc L, Ivanov C, Barbu E, Tsibouklis. **2004** Hidrogéis reesponsivos de duplo estímulo baseados em redes semi-interpenetrantes de poli (N-isopropilacrilamida)/quitosano *Int J Pharm* 269 185.

97.Shu X Z, Zhu K J, Song W **2001** Novel pH-sensitive citrate cross-linked chitosan film for drug controlled release *Int JPharm* 212 19.

98.Park S B, You J O, Park H Y, Haam S J, Kim W S **2001** Uma nova membrana de quitosano sensível ao pH: preparação e caraterísticas de permeação de fármacos *Biomaterials* 22 323.

99. Mizuno K, Yamamura K, Yano K, Osada T, Saeki S, Takmoto N, Sakurai T, Nimura Y J **2003** *Biomed Mater Res* 64A 177.

100. Singh D K e Ray A R **1998** Caracterização de filmes de quitosano enxertado *Carbohydr Polym* 36 251.

101. Casimiro M H, Botelho, M L, Leal J P, Gil M H **2005** Estudo sobre o enxerto químico, UV e induzido por radiação gama de metacrilato de 2-hidroxietilo em quitosano *Radiat Physc Chem* 72 731.

102. Jung B O, Kim C H, Choi K S, Lee Y M, Kim J J **1999** Preparação de quitosano anfifílico e suas actividades antimicrobianas J *Appl Polym Sci* 72 1713.

103. Kotze A F, Luessen H L, Leeuw B J D, Boer A G, Verhoef J C, Junginger H E **1997** N-trimethyl chitosan chloride as a potential absorption enhancer across mucosal surfaces: in vitro evaluation in intestinal epithelial cells (Caco-2) *Pharm Res* 14 1197.

104. Tasker R A, Connell B J, Ross SJ, Elson C M **1998** Desenvolvimento de uma formulação injetável de libertação sustentada de morfina: propriedades antinociceptivas em ratos *Lab Anim* 32 270.

105. Ferreira L M, Rocha J M S, Andrade M E, Gil M H **1998** Preparação e caraterização de copolímeros de enxerto à base de polietileno *Radiat Phy Chem* 52 207.

106. Mahdavinia G R, Pourjavadi A, Hosseinzadeh H, Zohuriaan M J **2004** Modified chitosan 4. Superabsorbent hydrogels from poly(acrylic acid-co-acrylamide) grafted chitosan with salt and pH-responsiveness properties *Eur Polym J* 40 1399.

107. Valenta C, Christen B, Schnurch A B **1998** Novo polímero conjugado com quitosano-.EDTA para géis tópicos *JPharm Pharmacol* 50 445.

108. Ahn J S, Choi H K, Cho C S **2001** Um novo polímero mucoadesivo preparado por

polimerização em tempestade de ácido acrílico na presença de quitosano *Biomateriais* 22 923.

109. Howling G I, Dettmar P W, Goddard P A, Hampson F C, Domish M, Wood E J **2001** The effect of chitin and chitosan on the proliferation of human skin fibroblasts and keratinocytes in vitro *Biomaterials* 22 2959.

HO.Wu Y B, Yu S H, Mi F L, Wu C W, Shyu S S, Peng C K, Chao A C **2004** Preparação e caraterização das propriedades mecânicas e antibacterianas de misturas de quitosano/celulose *Carbohydr Polym* 57 435.

111. Risbud M V, Hardikar A A, Bhat S V, Bhonde R R **2000** Hidrogéis de quitosano-polivinilpirrolidona liofilizados sensíveis ao pH como sistema de libertação controlada para administração de antibióticos J *Contor Rel* 68 23.

112. Zhang M, Li X H, Gong Y D, Zhao N M, Zhang X F **2002** Properties and biocompatibility of chitosan films modified by blending with PEG *Biomaterial* 23 2641.

113. Zeng M, Fang Z **2004** Preparação de uma membrana porosa submicrométrica a partir de quitosano/polietilenoglicol semi-IPN *JMemb Sci* 245 95.

114. Zeng M, Fang Z, Xu C **2004** Efeito da biocompatibilidade na estrutura da membrana microporosa preparada por dissolução selectiva de membrana de mistura de quitosano/polímero sintético *JMemb Sci* 230 175.

115. Risbud M, Hardikar A, Bhonde R **2000** Modulação do crescimento de fibroblastos por hidrogel de quitosano-polivinilpirrolidona: implicações para o tratamento de feridas *J Biosci* 25 25.

116. Sparkes B e Murray D G. Patente dos EUA 4572906.

117. Mao J, Zhao L, Yao K D, Shang Q, Yang G, Cao Y J **2003** Estudo de uma nova pele artificial de quitosana-gelatina in-vitro *Biomed Mater Res* 64A 301.

118. Paul W e Sharma C P **2004** Pensos para feridas de quitosano e alginato: Uma breve revisão *Trends Biomater Artif Organs* 18 18.

119. Dahiya M. B. Tech. Tese, IIT Delhi, Índia 2004.

120. Bhattarai N, Gunn J J, Zhang M **2010** *Adv Drug Deliv Rev* 62 83.

121. Park J H, Saravanakumar G, Kim K, Kwon I C **2010** *Adv Drug Deliv Rev* 62 28.

Sobre os colaboradores

A Dra. Rafia Bashir trabalha como docente no Departamento de Química do Instituto

Nacional de Tecnologia, Srinagar, desde 2011. Obteve a sua licenciatura na Universidade de Caxemira e os seus mestrados e doutoramentos em química na Jamia Hamdard, Nova Deli. As suas actividades de investigação têm-se centrado na química orgânica, síntese orgânica, produtos naturais, polímeros e química ambiental. A Dra. Rafia publicou vários artigos de investigação em revistas internacionais de renome (citadas em Scopus e Elsevier) e participou em muitas conferências e workshops nacionais e internacionais. O Dr. Rafia é membro de muitas academias científicas e revisor de muitas revistas de renome.

A Dra. Hamida Chisti é professora assistente de Química no Instituto Nacional de Tecnologia, Srinagar, onde faz parte do corpo docente desde 2008. Obteve a licenciatura, o mestrado e o doutoramento em química inorgânica na Universidade Muçulmana de Aligarh. As suas actividades de investigação têm-se centrado na química inorgânica, na síntese inorgânica e na química ambiental. A Dra. Hamida é membro de muitas academias científicas e sociedades internacionais. O seu trabalho foi publicado em várias revistas internacionais e foi citado por várias revistas científicas. A Dra. Hamida participou em muitas conferências, seminários e workshops nacionais e internacionais.

A Dra. Tabassum Ara é Diretora do Departamento de Química do Instituto Nacional de Tecnologia, Srinagar. Obteve o seu mestrado e doutoramento em Química na Universidade de Caxemira. Tem mais de duas décadas de experiência como docente no Departamento de Ciências Farmacêuticas da Universidade de Caxemira e no Departamento de Química do NIT Srinagar.

As suas actividades de investigação têm-se centrado na química orgânica e ambiental. Publicou vários artigos em revistas internacionais.

MIX
Papier aus verantwortungsvollen Quellen
Paper from responsible sources
FSC® C105338

Printed by Books on Demand GmbH, Norderstedt / Germany